中低压配电网工程
装置性违章及解析

本书编委会 编

中国电力出版社
CHINA ELECTRIC POWER PRESS

图书在版编目（CIP）数据

中低压配电网工程装置性违章及解析 / 《中低压配电网工程装置性违章及解析》编委会编. —北京：中国电力出版社，2016.1（2019.6重印）

ISBN 978-7-5123-8877-2

Ⅰ. ①中…　Ⅱ. ①中…　Ⅲ. ①配电系统－配电装置－安全管理　Ⅳ. ①TM727

中国版本图书馆CIP数据核字（2016）第022811号

中国电力出版社出版、发行

（北京市东城区北京站西街19号　100005　http://www.cepp.sgcc.com.cn）

三河市航远印刷有限公司印刷

＊

2016年1月第一版　2019年6月北京第二次印刷

710毫米×980毫米　16开本　5.5印张　58千字

定价：28.00元

前 言
PREFACE

　　装置性违章指工作现场的环境、设备、设施及工器具不符合国家、行业、公司有关规定、反事故措施及保证人身安全的各项规定及技术措施的要求，不能保证人身和设备安全的一切物的不安全状态。据统计，配电网70%以上的线路及设备事故均与装置性违章有关或者由装置性违章引起。中低压配电网建设改造状况直接影响对客户的连续供电和优质服务，存在时间紧、任务重等不利因素，其相关标准、规程、典设等数量多、内容广，但不具体、不直观，各施工部门的理解和执行难免出现偏差。在国家持续加大对中低压配电网投资的情况下，如何能够减少乃至杜绝中低压配电网改造中的装置性违章，消除安全隐患，成为急需解决的问题。

　　本书针对中低压配电网线路、设备的改造、施工安装过程中常见装置性违章，从纠正错误认识和习惯做法入手，梳理相关标准、规范，对照典型设计、标准物料、标准工艺，以实物图片为主、文字表述为辅，直观明确地展现装置性违章情况及应该达到的相关标准、工艺，便于学习理解，易于推广应用。

　　本书可供中低压配电网的设计、施工、运行、培训、管理等人员使用，也可作为电网运行管理部门开展反违章、安全检查、安全性评价、创建"无违章企业"等工作的参考资料和实用手册。

　　编写过程中，得到国网禹城市供电公司、国网济宁供电公司、国网肥城市供电公司、国网临朐县供电公司、国网齐河县供电公司、国网夏津县供电公司、国网蓬莱市供电公司、国网武城县供电公司、国网诸城市供电公司等单位的大力支持和帮助，在此表示衷心感谢。

编者

2015年9月

目　录
CONTENTS

前　言

第三章 低压接户线
及集表箱安装

第四章 设备标识
及警示标识安装

第一章

10kV及以下
架空线路和电缆施工

一、底盘、卡盘、拉盘安装

主要存在底盘、卡盘和拉盘未安装或安装使用错误等问题，导致基础不牢、电杆歪斜和位移、拉线受力不均匀。

❶ 底盘安装

违章点：未安装底盘，造成电杆下沉、倾斜。

❷ 卡盘安装

违章点：施工中常见的由机械开挖的圆形电杆坑无法装设卡盘，会造成电杆倾斜。

<0.5m

违章点：①过早固定卡盘，影响回填土的夯实及整平；②卡盘方向错误；③卡盘上平面与地面距离不足。

❸ 拉盘安装

违章点：①拉线坑深度不足（拉线棒露出地面长度超出0.7m）；②拉线坑未预留拉线棒马槽。

二、电杆组立

主要存在电杆埋深不足、杆基回填不密实、未预留防沉降培土等问题，导致电杆歪斜和位移。

❶ 电杆埋深及杆基回填

违章点：电杆埋深不足杆身长度的1/6。

违章点：杆基未预留防沉降培土。

违章点：杆基回填未夯实。

❷ 电杆倾斜、位移及偏差

违章点：电杆倾斜大于杆长的3‰。

违章点: 电杆横
向偏离线路中心
大于0.05m。

三、铁件、金具安装

❶ 横担和抱箍安装

主要存在横担和抱箍选型错误、安装距离错误、方向错误、上下歪斜、左右扭斜等问题。

（1）安装距离。

违章点: 杆顶
抱箍与杆顶距
离不足0.15m。

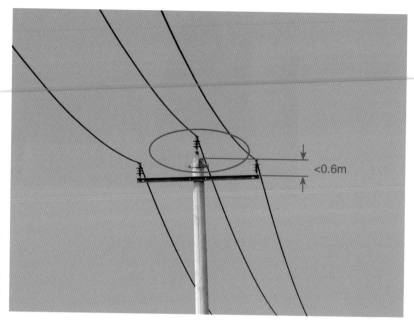

违章点：横担与
杆顶距离不足
0.6m。

违章点：横担与
杆顶距离过大。

（2）共用横担。

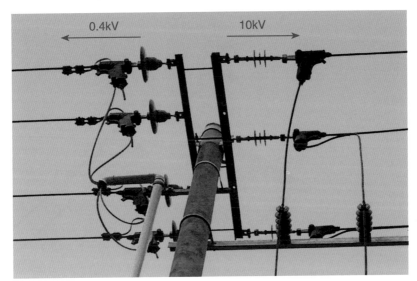

违章点：不同
电压等级导线
共用横担。

（3）横担方向。

违章点：线路
横担未装设在
负荷侧。

（4）10kV线路耐张横担联板。

违章点：10kV
线路耐张横担
未装设联板。

（5）横担选型。

违章点：横担
选型错误，造
成导线相间距
离不符合要求。

（6）耐张双横担安装。

违章点：耐张
横担未使用双
横担。

（7）横担装设。

违章点：横担
装设上下歪斜
超过20mm。

❷ 拉线制作

　　主要存在拉线选型不合理、抱箍安装位置错误、金具和拉线绝缘子安装错误、尾线预留不规范和固定不牢等问题。

（1）拉线安装。

违章点：承力杆型未安装拉线。

（2）拉线抱箍安装位置。

违章点：拉线抱箍未装设在横担下方。

违章点：①拉线抱箍与横担距离过近，且直接接触；②拉线与导线共用抱箍。

（3）拉线尾线预留。

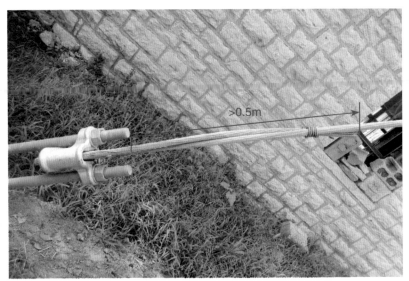

违章点：尾线预留过长，绑扎不牢固。

违章点：尾线预留过短，未绑扎。

（4）拉线尾线固定。

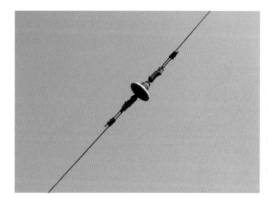

违章点：拉线尾线未使用钢线卡子固定，且每处尾线的钢线卡子数量少于两个。

（5）拉线装设。

违章点：拉线穿越架空线路，未装设拉线绝缘子。

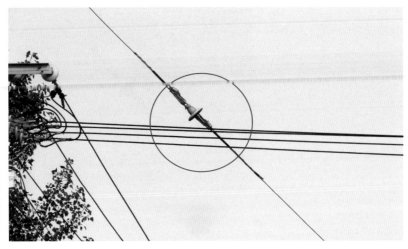

违章点：拉线
绝缘子装设在
被穿越的最低
导线以上。

（6）拉线角度。

违章点：拉线
对地面夹角大
于60°。

违章点：拉线对地面夹角小于30°。

（7）拉线抱箍。

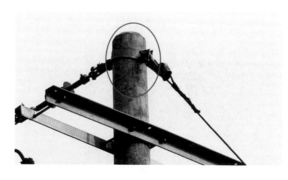

违章点：①拉线与导线共用抱箍；②未使用加强型拉线抱箍。

违章点：拉线抱箍歪斜。

（8）拉线绝缘子上下的锲型线夹。

违章点：①拉线绝缘子上下的锲型方向不一致；②槽型悬式绝缘子与锲型线夹连接处未加装连接金具。

（9）拉线棒及UT型线夹。

违章点：①拉线棒上端拉环的焊口未朝向地面；②拉线棒与UT型线夹间增加了连接金具。

违章点：UT型线夹无调整间距。

（10）拉线护套底部。

违章点：拉线护套未埋入地面。

❸ 金具

　　主要存在金具选型不合理、安装位置错误、固定松懈等问题，造成导线、构件安装不牢固等安全隐患。

（1）接地挂环。

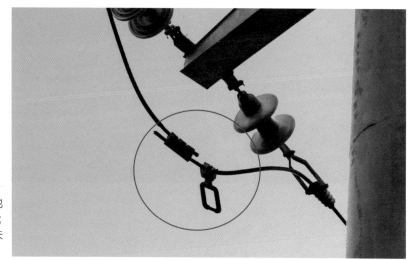

违章点：①接地挂环位置错误；②导线连接未使用双线夹。

违章点：线路终端杆未安装接地挂环。

（2）金具选型。

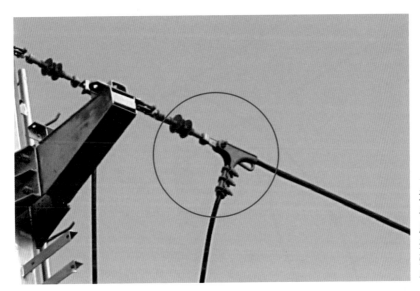

违章点：绝缘导线固定未使用楔型耐张线夹（螺栓型耐张线夹用于裸导线固定）。

（3）跳线、引线连接使用双线夹。

违章点：导线T接未使用双线夹。

违章点: 导线T
接未使用双线
夹。

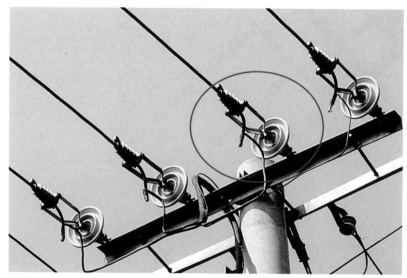

违章点: ①架空
导线和电缆连
接未使用双线
夹; ②电缆固定
方式不规范。

（4）绝缘防护。

违章点：线夹
未做绝缘防护。

违章点：①连
接处导线切剥
过长；②绝缘
防护不规范。

❹ 绝缘子选型

　　主要存在绝缘子选型未严格执行典型设计要求，使用非标物料等问题，造成工艺不统一，安装不规范。

（1）支持绝缘子。

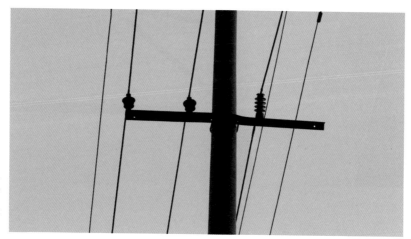

违章点：10kV
导线支持绝缘
子选型不统一。

（2）耐张绝缘子。

违章点：10kV
线路T接位置未
正确使用耐张
绝缘子和耐张
横担。

❺ 螺栓安装

　　主要存在螺栓选型不合理、穿向错误、固定不牢等问题，造成构件安装不牢固等安全隐患。

（1）螺栓选型。

违章点：①螺栓选型不合理；②未使用"两平一弹"双螺母。

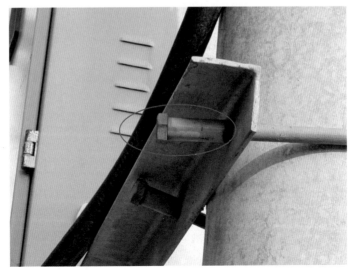

违章点：螺栓选型不合理，未使用双头螺栓。

（2）螺栓穿向。

违章点：上下抱
箍的螺栓穿向不
一致。

违章点：同一抱
箍的螺栓穿向不
一致。

违章点: 同一抱箍的螺栓穿向不一致。

违章点: ①螺栓穿向错误; ②铁构件扩孔不规范。

（3）开孔。

违章点：①材料选型或安装位置不对造成开孔位置不合适，螺栓变形；②未使用"两平一弹"双螺母。

违章点：擅自开孔或扩孔，影响构件强度。

四、导线架设

主要存在导线架设弧垂过大或过小、断线接头过多、固定方式不合理等问题。

❶ 导线架设

（1）导线弧垂。

违章点：未严格按照弧垂表架设导线。

违章点：架空导线对跨越物安全距离不足。

（2）导线断线接头。

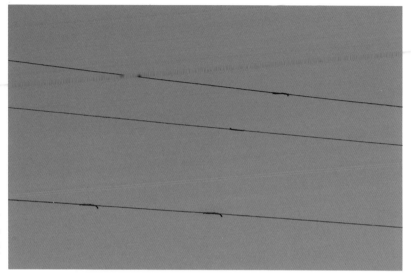

违章点：同一
档距内，同一
根导线上的接
头超过一个。

（3）导线断线接头与固定点距离。

违章点：导线
断线接头位置
与导线固定处
的距离过近。

（4）交叉跨越。

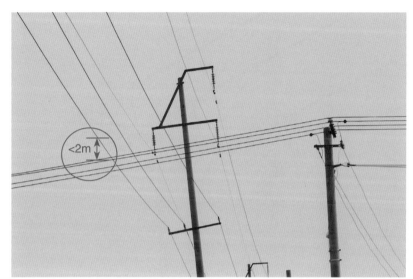

违章点：10kV
导线与低压架
空导线的跨越
距离不足。

❷ 导线固定

违章点：固定点
未使用绝缘自
粘带缠绕。

违章点: 绝缘
线尾线未绑扎
固定。

❸ 导线连接

(1) 导线T接。

违章点: ①T接
处未使用双线
夹; ②线夹绝
缘防护不规范;
③分支杆未装
设拉线。

违章点：T接处
未使用双线夹。

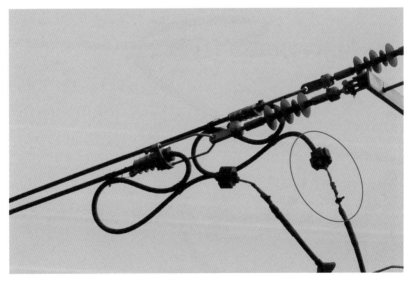

违章点：架空线
与电缆连接方
式不规范。

（2）引流线。

违章点：跌落
式熔断器引流
线连接方式不
规范。

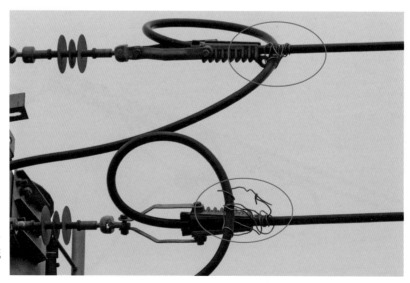

违章点：引流
线绑扎不规范。

违章点：①引流线无断开点；②拉线安装不规范。

五、电缆安装

主要存在电缆固定、敷设方式不规范，无绝缘支撑、滴水弯，电缆头未做绝缘防水处理等问题。

❶ 电缆固定、敷设

违章点：①未使用电缆抱箍固定；②电缆搭在线路横担上。

违章点：电缆搭
在线路横担上。

违章点：电缆抱
箍的安装方式
不规范。

违章点: 电缆
抱箍的安装方
式不规范。

违章点: ①电
缆地上部分预
留过长; ②电缆
抱箍安装数量
不足。

❷ 电缆绝缘防水处理

违章点：电缆外绝缘层开口处未做绝缘防水处理或未安装电缆终端头。

❸ 低压电缆与架空线连接位置

违章点：低压电缆未高出线路横担与架空线连接。

六、防雷设施安装

主要存在防雷设备位置错误，与防雷接地体连接方式不合理等问题。

❶ 避雷器位置

违章点：① 避雷器未垂直安装；② 安装位置低于所保护的设备。

违章点：线路避雷器安装位置低于所保护的线路。

❷ 防雷设备底端三相串联接地

违章点：过电
压保护器底端
三相未使用接
地引线串联并
接地。

❸ 接地引下线

违章点：①接
地引下线未固
定；②没有明
显开断点。

违章点：①接地扁钢固定方式不规范；②无接地黄绿标识；③接地扁钢连接方式不规范（未焊接而是采用螺栓连接）。

❹ 接地扁钢开断处

违章点：接地开断点涂刷了油漆。

❺ 接地开断点螺栓固定

违章点：①接地开断点螺栓不紧固；②接地扁钢无接地黄绿标识。

❻ 铁塔塔体接地

违章点：铁塔塔体未接地。

第二章 10kV 柱上变压器安装

一、台架整体工艺

主要存在10kV进线设计不合理，10kV、0.4kV共用横担等问题。

❶ 台架10kV进线

违章点：变压器台架10kV母线与0.4kV出线共用横担。

❷ 高压引线穿越低压架空线

违章点: 10kV下
引线穿越0.4kV
架空线路。

❸ 台架电杆选型

违章点: 台架利用转角杆安装设计不合理。

二、台架横担及主要设备安装

主要存在台架变压器及设备安全距离不足、材料选型不合理、安装位置不正确等问题。

❶ 横担安装位置

>5m

违章点: ①避雷器横担安装过高; ②缺少一层支撑横担(15m台架)。

违章点：台架横担安装间距不合理（12m台架）。

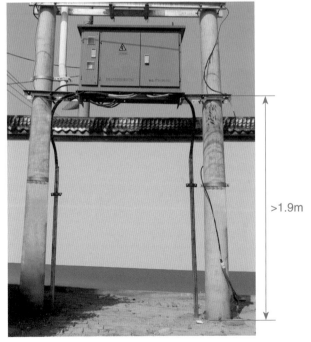

>1.9m

违章点：JP柜安装高度过高。

❷ JP柜横担及JP柜安装

（1）托担抱箍。

违章点：JP柜
槽钢横担未使
用托担抱箍。

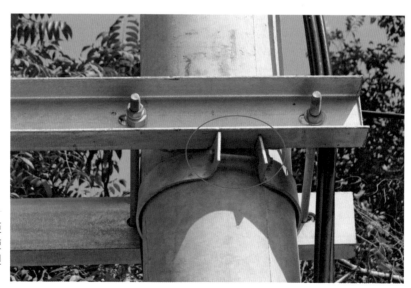

违章点：JP柜
槽钢横担未使
用加强型托担
抱箍。

（2）JP柜固定。

违章点：JP柜
未使用背铁角
钢和螺栓固定。

违章点：JP柜
固定点不合理
（未使用箱体四
角的预留安装
孔）。

（3）横担M型垫铁。

违章点：①横担无M型垫铁；②螺栓选型和安装不规范。

（4）JP柜进出线电缆。

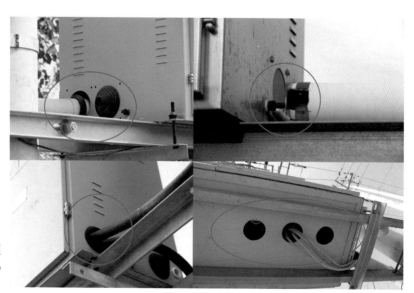

违章点：JP柜进出线电缆孔洞未进行封堵。

（5）JP柜进出线套管。

违章点：JP柜
进出线不应同
管敷设。

（6）JP柜安装与变压器距离。

违章点：变压
器横担与JP柜
无安全间距。

❸ 变压器横担及变压器安装

（1）变压器固定。

违章点：变压
器未使用背铁
角钢和螺栓固
定（左侧焊接固
定，右侧铁丝
绑扎）。

（2）变压器安装方向。

违章点：变压器高压侧接线柱不应与跌落式熔断器安装在台架同一侧。

❹ 避雷器横担及避雷器安装

（1）避雷器位置。

违章点：①避雷器不应与跌落式熔断器安装在同一条横担上；②避雷器未垂直安装。

（2）避雷器三相串联接地。

违章点：避雷器底端三相未使用接地引线串联并接地。

❺ 跌落式熔断器横担及跌落式熔断器安装

（1）跌落式熔断器横担。

违章点：①跌落式熔断器横担未使用双横担；②未安装支持绝缘子。

（2）跌落式熔断器安装。

违章点：跌落式熔断器未使用连接铁固定在横担上。

（3）跌落式熔断器安装角度。

违章点：跌落式
熔断器安装角度
超出15°~30°
的安装范围。

❻ 引线横担和绝缘子安装

违章点：支持绝缘子安装在角钢内侧。

❼ 螺栓安装

违章点：①台架螺栓未紧固；②接地引线固定不规范。

违章点：护管固定不规范。

违章点：螺栓选型未使用双头螺栓。

违章点：擅自开孔或扩孔后未做防锈处理。

三、引线安装

变压器台架在引线连接、附件安装位置等方面容易出现安装位置不正确、连接不牢固等问题。

❶ 台架引下线

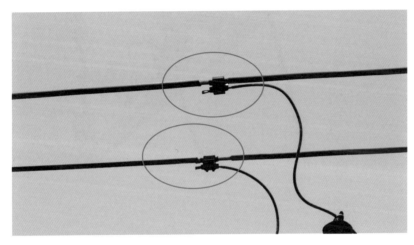

违章点：①T接预留过大，绝缘防护不规范；②未使用双线夹连接。

❷ 跌落式熔断器引线

违章点：①跌落式熔断器下引线固定不规范（无侧装绝缘子）；②避雷器引线连接方式错误。

❸ 接地挂环安装

违章点：接地挂环选型错误（开口方向不正确）。

违章点：台架未安装接地挂环。

❹ 避雷器引线安装

违章点：避雷器引线连接方式错误。

❺ 变压器低压侧引线安装

（1）引线固定安装。

违章点：变压器出线未使用电缆抱箍固定。

（2）出线防水处理。

违章点：变压
器低压侧出线
未做滴水弯。

四、低压出线安装

主要存在JP柜低压出线安装连接不正确、固定方式不规范等问题。

❶ 出线固定方式

违章点：低压出
线电缆未使用
电缆抱箍固定。

❷ 出线敷设方式不合理

违章点: 电缆护管固定不规范。

违章点: 电缆护管未使用弯头连接件。

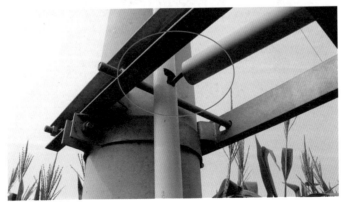

违章点: 电缆护管未使用三通连接件。

❸ 电缆护管封堵

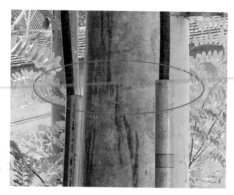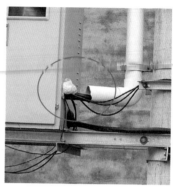

违章点：电缆
护管未封堵。

五、台架接地网敷设

主要存在设备接地、接地极、接地网安装不规范，接地网敷设深度不够等问题。

❶ 设备接地安装

违章点：变压
器、箱变专用
的外壳接地点
处未做接地。

违章点: JP柜专用的外壳接地点处未做接地。

违章点: JP柜外壳接地位置不正确。

违章点：变压
器中性点接地
连接不正确。

违章点：台架接
地连接不合理。

❷ 接地网

违章点: ①接地网敷设深度不足; ②焊接处未做防腐处理。

❸ 接地扁钢与接地引线安装

违章点: 接地扁钢未涂刷接地黄绿标识。

违章点：台架接地开断点未按规定的1.7m高度安装。

违章点：台架接地开断点涂刷油漆。

第三章

低压接户线
及集表箱安装

一、接户线安装

　　主要存在接户线安装T接不规范、连结不牢固、接户线固定方式错误等问题。

❶ 同一电杆T接点

违章点：①同一电杆T接点超过两处接户线；②未使用双线夹。

违章点：T接未
使用双线夹。

❷ 接户线固定方式

违章点：①接
户线未使用接
户线横担安装
固定；②T接点
未使用双线夹。

❸ 接户线与燃气管线和弱电的安全距离

违章点: 接户线
与燃气管道、弱
电不满足安全
距离。

← 烟囱

违章点: 接户
线绑扎在建筑
附加物上。

❹ 接户线敷设方式

■ 违章点：接户线
与进户线未分
开敷设，且固定
方式不合理。

二、集表箱安装及进出线敷设

主要存在集表箱安装高度不统一、位置选取不合理，箱内接线凌乱，未设滴水弯等问题。

❶ 集表箱及户表安装

（1）集表箱高度。

2.3m

■ 违章点：表箱安
装高度过高，超
出1.8~2.0m的合
理范围。

（2）集表箱预留表位接线。

违章点：集表
箱预留表位尾
线未进行绝缘
防护处理。

违章点：①表
尾未加装尾盖；
②二次线凌乱。

（3）集表箱剩余电流动作保护器。

违章点：零线
未接入剩余电
流动作保护器，
且表箱内接线
凌乱。

❷ 集表箱进出线敷设

（1）集表箱进、出线。

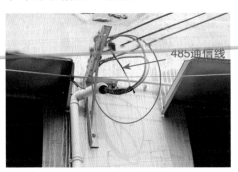

违章点：集表箱
进线与485通信
线未分开套管
敷设。

违章点：接线
凌乱。

（2）集表箱进、出护管。

违章点：集表箱
进线护管滴水
弯制作不规范。

（3）集表箱进、出护管固定。

违章点：①护管与集表箱间距不足；②护管固定点间距过大。

（4）集表箱出线绑扎。

违章点：集表箱出线没有采取分户固定。

第四章 设备标识
及警示标识安装

一、线路标识

主要存在线路标识安装位置不正确、高度不一致，命名不规范等问题。

❶ 相序牌安装

（1）线路起止杆和分支杆等均应安装相序标识。

违章点：线路终端杆未安装相序标识。

（2）中性线标识。

违章点：中性
线相序颜色未
使用蓝色，标
识字符未使用
"N"。

❷ 杆号牌安装

违章点：杆号牌
安装位置过低。

❸ 电缆及电缆分支箱标识牌安装

（1）电缆标识牌。

违章点：电缆
出线命名不规
范，且悬挂位
置不正确（出线
断路器壳体正
面或下方）。

（2）电缆分支箱进出线。

违章点：①电缆分支箱进出线护管未采取加固防护处理；②无进出线标识。

❹ 电杆防撞及埋深标识安装

（1）防撞标识安装。

违章点：距道路1m以内的电杆未安装防撞标识。

（2）标识高度。

■ 违章点：电杆防撞标识高度过低，应位于电杆下部距离地面约0.5m处。

（3）防撞标识样式。

■ 违章点：防撞警示标识选型不规范。

❺ 拉线护套安装

违章点：拉线护套造型和安装不规范。

二、台架标识

主要存在台架标识安装不规范或缺失等问题。

❶ 台架标识

违章点：杆号牌安装位置错误，应安装在变压器横担上侧1m处。

违章点：①变压器托担左侧未安装"禁止攀登高压危险"警示标识；②右侧未安装变压器运行编号牌。

❷ 围栏及安全标识安装

违章点：①围栏高度低于1.8m；②未悬挂"止步，高压危险"警示牌。

附录 |
参考资料

下列标准所包含的条文，所示版本均为有效。在执行过程中如有修编或变动时应执行最新版本。

- GB 311.1—1997   高压输变电设备的绝缘配合
- GB/T 13499—2002   电力变压器应用导则
- GB/T 16935   低压系统内设备的绝缘配合
- GB/T 17468—2008   电力变压器选用导则
- GB 50052—2009   供配电系统设计规范
- GB 50053—1994   10kV及以下变电所设计规范
- GB 50054—2011   低压配电设计规范
- GB 50060—2008   3~110kV高压配电装置设计规范
- GB 50168—2006   电气装置安装工程电缆线路施工及验收规范
- GB 50217—2007   电力工程电缆设计规范
- GB 50293—2014   城市电力规划规范
- DL/T 477—2001   农村低压电气安全工作规程
- DL/T 493—2001   农村安全用电规程
- DL/T 499—2001   农村低压电力技术规程
- DL/T 572—2010   电力变压器运行规程
- DL/T 599—2005   城市中低压配电网改造技术导则
- DL/T 601—1996   架空绝缘配电线路设计技术规程
- DL/T 602—1996   架空绝缘配电线路施工及验收规程
- DL/T 620—1997   交流电气装置的过电压保护和绝缘配合
- DL/T 5118—2010   农村电力网规划设计导则
- DL/T 5220—2005   10kV及以下架空配电线路设计技术规程

- 农村电网改造升级技术原则（国家能源局发改办能源〔2010〕2520号）
- 城市电力网规划设计导则（能源电〔1993〕228号）
- 国家电网公司系统县城电网建设与改造技术导则（国家电网农〔2003〕35号）
- 国家电力公司关于印发《农村电网建设与改造技术原则》的通知（国电农〔1999〕191号）
- 国家电网公司农网优质工程评选办法（试行）（国家电网农〔2012〕1199号）
- 供电营业规则（中华人民共和国电力工业部第8号令）
- 国家电网公司电力安全工作规程　线路部分
- 国家电网公司电力安全工作规程（配电部分）试行
- 国家电网公司配电网工程典型设计（电缆、线路、配电）分册
- 农网10kV柱上变压器台及进出线施工工艺
- 农网10kV及以下线路施工工艺
- 中低压配电网工程标准工艺
- 山东电力集团公司电力电缆运行规程